孝經傳說圖解

安世盖愆

雲豫堂

秀水戴綗懷捐剞 錦

張湯。杜周。俱漢武時酷吏。而湯子安世篤行。霍光以朝無舊臣。用為右将軍光禄勳。以自副。封富平侯。光薨。親相言。張安世事武帝三十年。忠信謹厚。勤勞政事。與大将軍定策天下受其福。請尊為大将軍。帝從之。安世深辭弗能得。遂柄國政。以謹密自周。每決大畫。輒移疾出聞有詔令。乃驚使吏之丞相府問焉。大臣不知其與議也。甞有所薦引。其人來謝。安世大恨絕弗與通。有郎功高不調。來自言。安世曰。此明主事。臣何與知乎。不許。已而郎果遷。又每隱人過失。務從寬貸。自以父子封侯太盛。辭祿。而身衣弋綈。夫人自紡績。以故富于大將軍。而天子亦甚親信之。薨。謚敬侯。子孫襲爵。相繼爲侍中。親近寵比於外戚。建武中。曾孫純歷位大司空。更封武始侯。前漢書

安世盖愆

秀水戴綱懷甫刻

錦

純仁繼美

雲豫堂

韓忠彥。韓琦子。范純仁。仲淹子也。琦公忠無我。而忠彥為相。蠲逋負。復流人。收用名賢。鄧洵武謂其能繼述父志。純仁先忠彥入相。當其未仕。以麥舟助喪。固已視文正如一人。及第進士。知慶州。即仲淹所任也。以仲究就逮。遮馬涕泗者數萬人。至有自投于河者。尋獲白。知信陽軍。提舉御史臺。歷諫議樞密。以得相凡三罷三復。以寬大廣主德。不深錄人過。時盡改熙豐法。逐其人。純仁獨謂去其太甚者可也。嘗言忠恕二字。一生用不盡。又戒子弟曰。能以責人之心責已。

秀水戴張氏捐刻

恕己之心恕人。何患不至聖賢地位。徽宗在位。首召用之。還朝疾革。猶辨宣仁誣謗事。卒年七十五。謚忠宣。御書碑額曰。世濟忠直。以榮寵之。宋紀

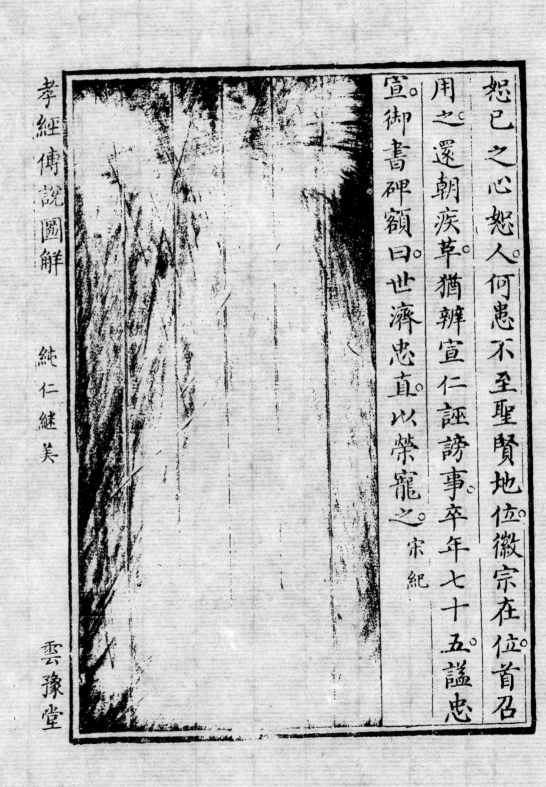

秀水戴張氏捐刻　錦

孝經傳說圖解

子春傷足

雲豫堂

秀水戴世濤摹刻

英

樂正子春。下堂而傷其足。數月不出。猶有憂色。門弟子曰。夫子之足瘳矣。數月不出。猶有憂色。何也。樂正子春曰。善如爾之問也。善如爾之問也。吾聞諸曾子。曾子聞諸夫子曰。天之所生。地之所養。無人為大。父母全而生之。子全而歸之。可謂孝矣。不虧其體。不辱其身。可謂全矣。故君子頃步而弗敢忘孝也。今予忘孝之道。予是以有憂色也。禮記

孝經傳説圖解

崔渾病指

雲豫堂

英

秀水戴沈氏捐刻

崔渾。性至孝。母嘗有疾渾跪請病授已。有頃。覺疾從指入。俄而遍身。母所苦遂愈。稗史

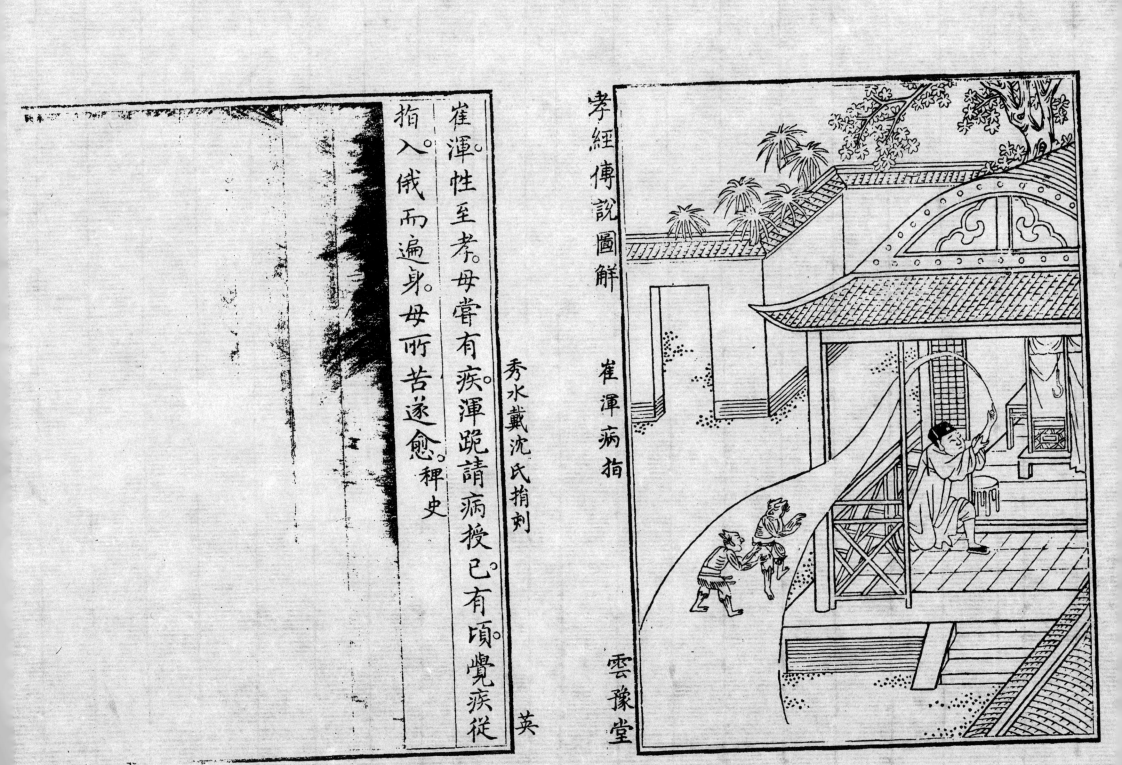

孝經傳說圖解

煜然吮癰

雲豫堂

秀水戴汝楨捐刻 林

金煜然。富陽人。康熙乙夘舉人。年九歲。時山寇竊發。父兄入鄉覓避處。寇猝至。煜然哀請曰。寧殺我。勿傷我母。寇曰。童子有此孝心。乃捨之。反示以隱僻處。得避去。十五歲。母乳生癰。百藥不效。煜然以口吮之。一月而愈。又母足患癧。經年潰痛。乘母睡熟。輒舐。瘡亦漸瘳。父歿。廬墓三年。晝歸奉母。夜出守墓。及領鄉薦。不起文會試。知縣趙祿星踵門敦迫。以母老辭。趙嘆為不可及。雍正十一年。具題奉旌。公舉事實

孝經傳說圖解

行可刺臂

雲豫堂

秀水戴汝枚捐刻

明馮行可。當父上書。論諸貴人。詔下獄問死。時行可年十四。隨祖母吳太孺人至京。吳擊登聞鼓。願代兒。上弗聽。行可刺臂血上書曰。臣父戇。罪萬死。念臣祖母已八十餘。臣父死。臣祖母亦死。臣寧得不死。惟願陛下置臣於辟。而赦臣父。陛下戮臣。不傷臣心。臣死。不傷天下法。上手其奏。繞殿者三。命中使廉視其臂血。乃下法曹。末減。戍雷陽。明史馮恩傳

林

孝經傳說圖解

成象九穗

雲豫堂

揚州蔡文健捐刻

成象。事父母以孝聞。號泣營葬。聞者悽愴。未嘗食肉衣帛。或贈之。亦不受。虎豹環廬而卧。象無怖色。燕百餘集廬中。禾生墓側。吐九穗。遠近目為成孝子。

宋史

懿

陳暠二異

雲豫堂

陳暠。秀水人。事母沈盡孝。母遘危疾。晨夕奉藥裹侍牀褥間。母忽思食鯉。乃早起循行溪岸。俄聞魚躍聲。解衣入水。得巨魚。為羮奉母。病尋愈。迨居喪。廬墓三年。以誕晨祀母。有一雁從天而下。舒頸鼓翼。里人繪二異圖詠歌之。嘉興府志

揚州蔡文健捐刻

懿

孝經傳說圖解

翁伯種玉

雲豫堂

揚州蔡文律捐刻

積

陽翁伯。（搜神記作雍伯）盧龍人也。事親以孝。葬父於無終山。山高八十里。其上無水。翁伯廬於墓側。晝夜號慟。神明感之。出泉於其墓側。因引水就官道以濟行人。嘗有飲馬者。以白石一升與之。令翁伯種之。當生美玉。果生白璧。長二尺者數雙。一日。忽有青童乘虛而至。引翁伯至海上仙山。謁羣仙。曰。此種玉翁伯也。一仙人曰。汝以孝於親。神真所感。昔以玉種與之。汝果能種之。汝當夫婦俱仙。今此宮即汝他日所居也。言訖。使仙童與俱還。壯平徐氏有女。翁伯欲求婚。徐氏謂媒者曰。得白璧一雙。可矣。翁伯以白璧五雙。遂壻徐氏。數年。雲龍下迎。夫婦俱昇天。今謂其所居為玉田坊。翁伯仙去後。子孫立大石柱於田中。以紀其事。

仙傳拾遺

揚州蔡文律捐刻　積

孝經傳說圖解

范喬執硯

雲豫堂

揚州蔡文律捐刻

范喬。字伯孫。年二歲時。祖馨臨終撫喬首。曰恨不見汝成人。因以所用硯與之。至五歲。祖母以告喬。喬執硯涕泣。九歲請學。在同輩之中。言無媟辭。父粲。陽狂不言。喬與二弟並棄學業。絶人事。侍疾家庭。元康中。詔求廉讓冲退。履道寒素者。不計資以參選敘。尚書郎王琨乃薦喬。喬辭疾不拜。喬邑人臘夕。盗斫其樹。人有告者。喬陽不聞。邑人愧而歸之。喬往喻曰。卿節日取柴。欲與父母相歡娛耳。何以愧為。其通物善導。皆此類也。晉書

積

孝經傳說圖解

夏統曝藥

雲豫堂

嘉興朱延齡捐刻

夏統。字仲御。會稽永興人。幼孤貧。養親以孝聞。睦於兄弟。每採梠求食。星行夜歸。或至海邉。拘蟛蜞以資養。宗族勸之仕。統曰。屬太平之時。當與元凱評議出處。遇濁代。念與屈生同汙共泥。若汙隆之間。自當耦耕沮溺。豈有辱身屈意於郡府之間乎。後為母詣洛市藥。會三月上巳。王公以下。並至浮橋。統時在船中曝所市藥。諸貴人車乘來者如雲。統並不之顧。太尉賈充怪而問之。統初不應。重問。乃徐荅曰。會稽夏仲御也。充就船與語。其應如響。欲使之仕。即俛而不荅充欲耀以文武鹵簿。覘其來觀。因而謝之。遂命建朱旗。舉幡校。分羽騎為隊。軍伍肅然。須臾鼓吹亂作。胡葭長鳴。車乘紛錯。縱横馳道。又使妓女之徒。服袿襹。炫金翠。繞其船三匝。統危坐如故。若無所聞。充等各散。曰。此吳兒是木人石心也。統歸會稽。竟不知所終。

晉書

孝經傳說圖解

胡威推絹

雲蔭堂

嘉興朱春暉捐刻

敘

晋胡威字伯虎。淮南人。少有志尚厲操清白。父質為荆州刺史。以忠清顯。威自京都省之。家貧。無車馬僮僕。自驅驢單行。拜見父。辭歸。質賜絹一匹。為道路糧。威跪曰。大人清白。不審於何得此絹。質曰。是我俸祿之餘。故以為汝糧耳。威受之。及威為徐州。世祖賜見。因謂之曰。卿清孰與父。對曰。臣清不如也。臣父清畏人知。臣清畏人不知。後以功封平春侯。晋書

孝經傳說圖解

道立厠牏

雲豫堂

嘉興朱掌倫捐刻　愛

王道立。秀水人。居王道湖。自號雲洲道人。性醇恪。事父竭色養。父疾。調侍湯藥。不脩湯沐。自浣厠牏。率婦子籲天請代。父卒。哀至殞絕。為倚廬墓側。朝夕盡哀。母朱疾篤。口度藥餌。舌引痰涎。泣盡。繼之以血。葬後。復為倚廬如父喪。且終身焉。臺臬聞之。檄府旌其閭。

李日華王孝子傳

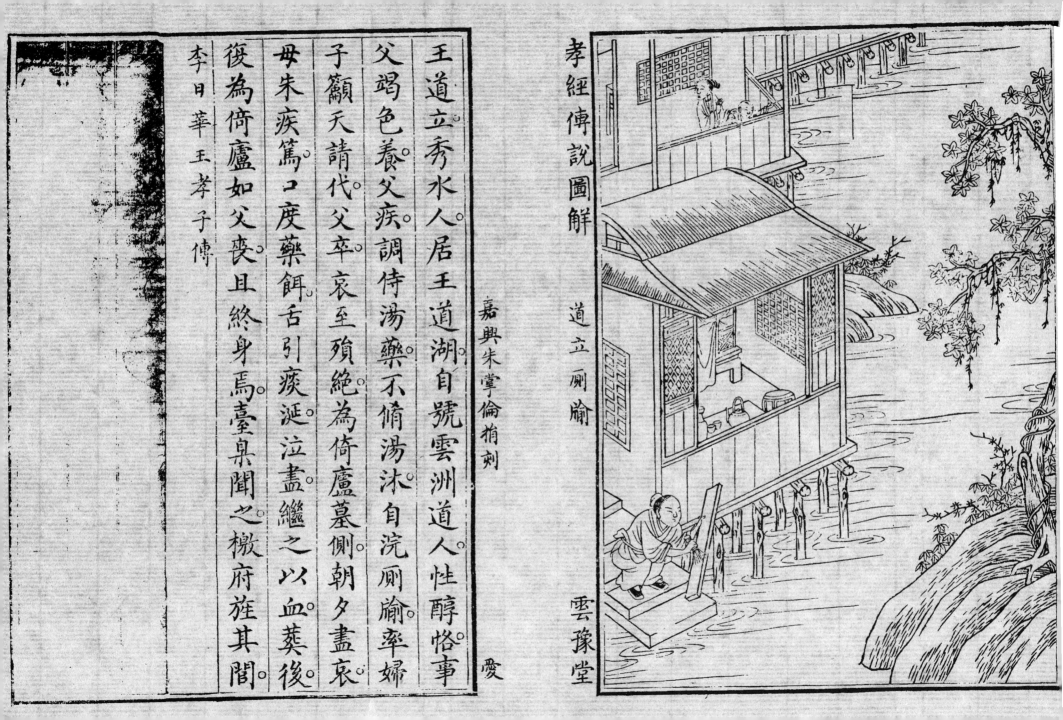

孝經傳說圖解

元起省石

雲豫堂

嘉興朱昌珏捐刻

愛

薛元起。唐定州刺史薛收子也。九歲襲爵。及長好學。善屬文。尚巢王女和靜縣主。高宗即位。數上書。陳當世得失。帝嘉納。遷中書舍人宏文館學士。省中舊有盤石。元起祖道衡為侍郎時。常據以草制。元起每見輒泫然流涕。帝幸東都。留輔太子。監國。手敕曰。朕留卿。若失一臂。顧太子未習庶務。關中事。卿悉專之。時太子射獵稍怠政事。元起諫曰。夫為人子者。不登高不臨深。謂其近危辱也。殿下罷馳射之勞。留情墳典。豈不美與。帝知之。遣使厚賜慰其意。唐書

孝經傳說圖解

蘓耽市鮓

雲豫堂

嘉興馮永安捐刻　寧

蘓仙公。名耽。桂陽人也。漢文帝時得道。早喪所怙。以仁孝聞。宅在郡城東北。出入往来乘一鹿。常與母共食。母曰。食無鮓。他日可往市買也。先生於是以筯插飯中。攜錢而去。斯須即以鮓至。母食未畢。母曰。何處買来。對曰。便縣市也。母曰。便縣去此百二十里。道途徑嶮。往来遽至。汝欺我也。欲杖之。先生跪曰。買鮓之時。見舅在市。與我語云。明日来此。請待舅至。以驗虛實。母遂寬之。明曉舅果至。云昨見先生便縣市買鮓。母驚駭。方知其神異。曾持一竹杖。時人謂曰。蘓生竹杖。固是龍也。数歲後。先生灑掃門庭。修飾墻宇。友人曰。有何邀迎。答曰。仙侶當降。俄頃之間。乃見天西北隅。紫雲氤氳。有数十白鶴。飛翔其中。翩翩然降於蘇氏之門。皆化為少年。儀形端美。如十八九歲人。先生斂容逢迎。乃跪白母曰。某受命當仙。被召有期。儀衛已至。明年天下疾疫。庭中井水簷邊橘樹。可以代養。井水一升。橘葉一枚。可療一人。兼封一櫃留之。曰。有所缺乏。可以扣櫃言之。所須當至。慎勿開也。言畢即出門。聳身入雲。紫雲捧足。羣鶴翱翔。遂昇雲漢而去。

来年果有疾疫。遠近求母療之。皆以水及橘葉。無不愈者。有所缺乏。扣櫃。所須即至。三年後。母心疑。開之。見雙白鶴飛去。母年百餘歲。一旦無疾而終。後有白鶴来止郡城東北樓上。人或挾彈彈之。鶴以爪攫樓板似漆書云。城郭是。人民非。三百甲子一來歸。吾是蘇君彈何為。至今修道之人。每至甲子日。焚香禮於仙公之故第也。神仙傳

孝經傳說圖解

王輔釣鯽

雲豫堂

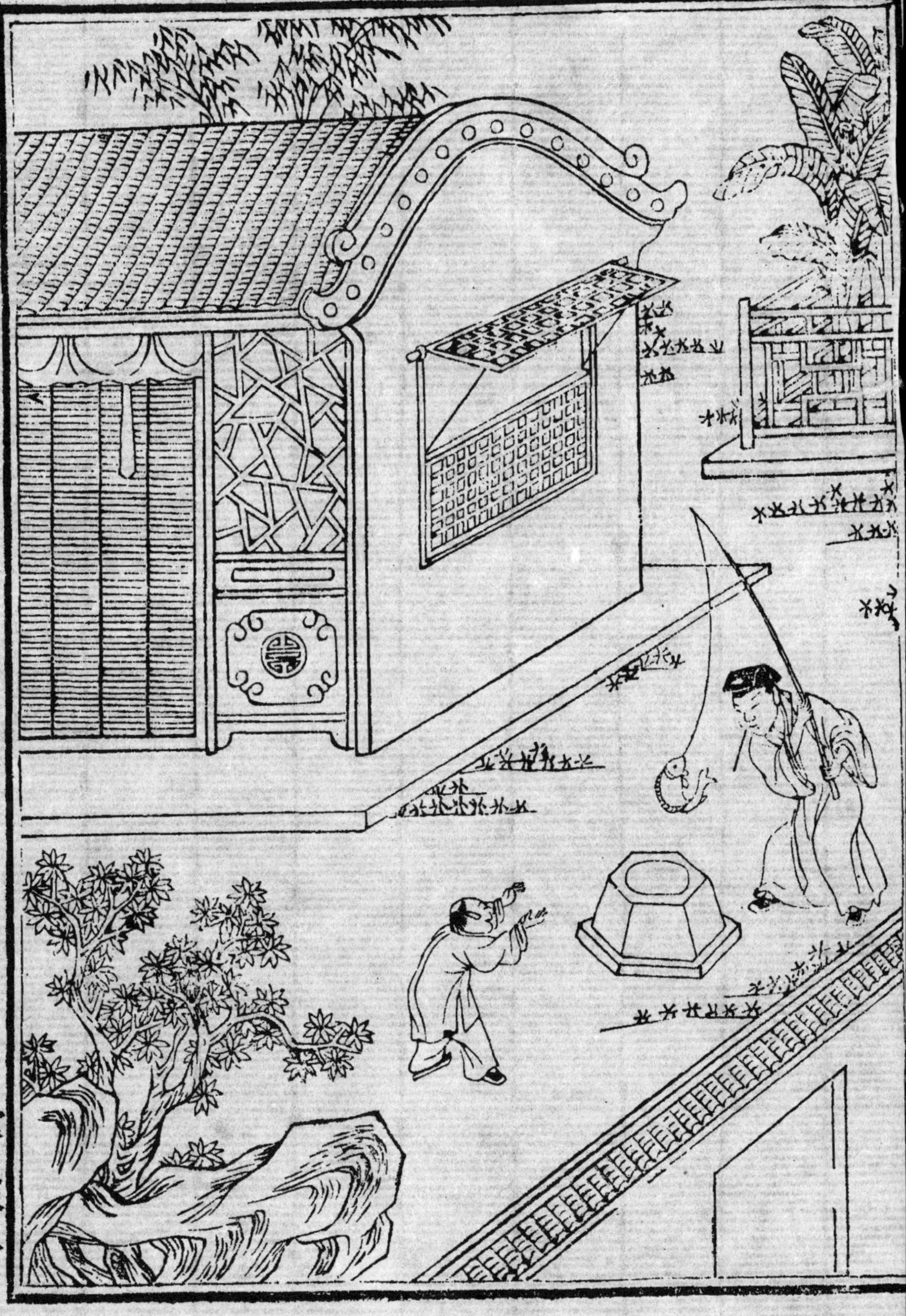

嘉興王暎常捐刻　寧

王輔父格病篤。思得鯽魚。方盛暑。不易致。輔禱於井。釣而得巨鱗。進父。病旋愈。輔子年十一。親見之。甌江逸志

孝經傳說圖解

孫鍾獻瓜

雲豫堂

秀水戴君恩捐刺　衡

孫鍾。富春人。性至孝。種瓜為業。嘗有三少年詣鍾。鍾獻瓜。謂曰。余司命也。以君孝感于天。故来耳。遂指山曰。此堪為墓。鍾志之。及卒葬焉。墳上常有紫雲。曼延數里。人謂孫氏其興矣。鍾即堅之先也。

咸淳臨安志

孝經傳說圖解

陸績懷橘

雲豫堂

秀水戴君恩捐刻　衡

陸績吳郡人也。年六歲。於九江見袁術。術出橘。績懷三枚去。拜辭墮地。術謂曰。陸郎作賓客而懷橘乎。績跪荅曰。欲歸遺母。術大奇之。績容貌雄壯。博學多識。星歷等數。無不該覽。後為鬱林太守。豫知亡日。乃為辭曰。有漢志士。吳郡陸績。幼敦詩書。長玩禮易。受命南征。遘疾遇厄。遭命不幸。嗚呼悲隔。又曰。從今以去。六十年之外。車同軌。書同文。恨不及見也。卒年三十二。長子宏。會稽南部都尉。次子叡。長水校尉。人物志

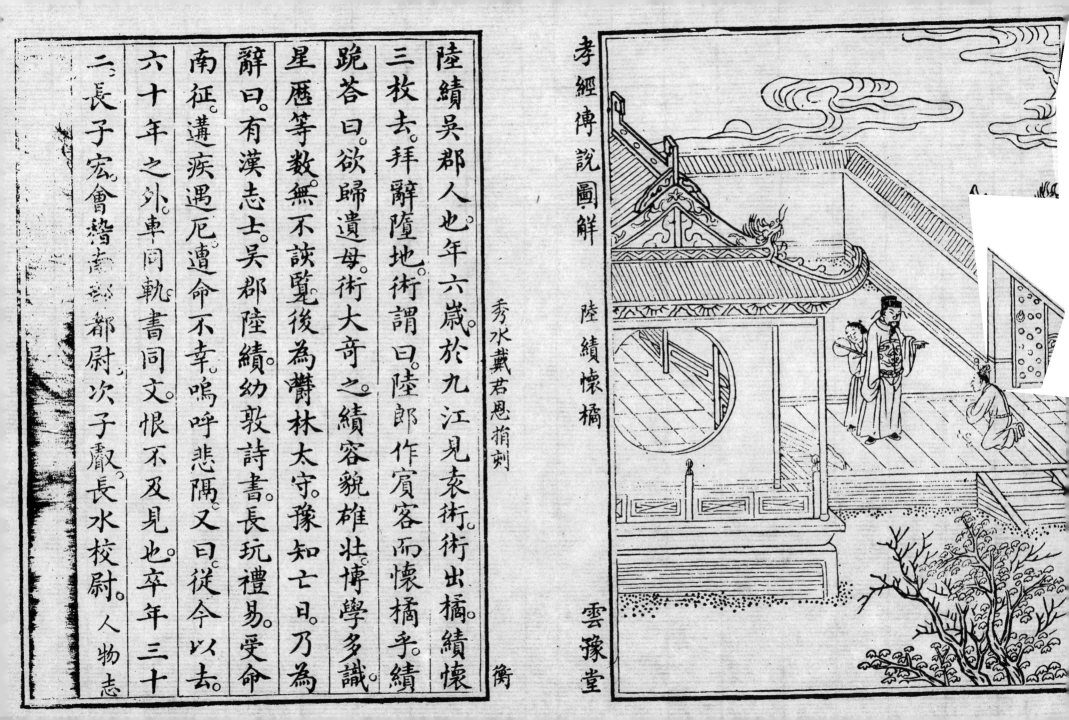

孝經傳說圖解

居先焚香

雲豫堂

秀水戴廷愚捐刻

誼

趙居先父年九十一歲。母年九十四歲。性皆嚴急。居先夫婦。侍奉勤謹。孝行克諧。每夕焚香。為父母祈禱。三尸上奏天。遣飛天大神。逐一鑒察見其心專意一。孝行動天。七子三婿。皆列殊科。居先身證仙果 廸吉錄

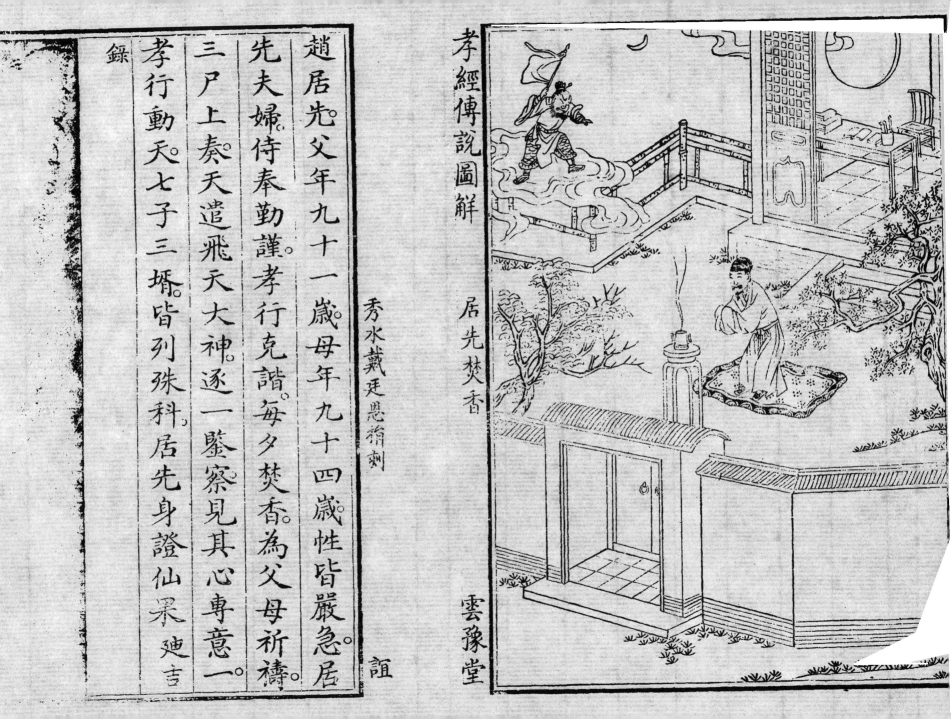

孝經傳說圖解　蔡邕侍疾　雲豫堂

秀水戴廷恩捐刻　誼

漢蔡邕。性篤孝。母滯病三年。非寒暑節變。未嘗解襟帶。不寢寐者十旬。蘓氏家語

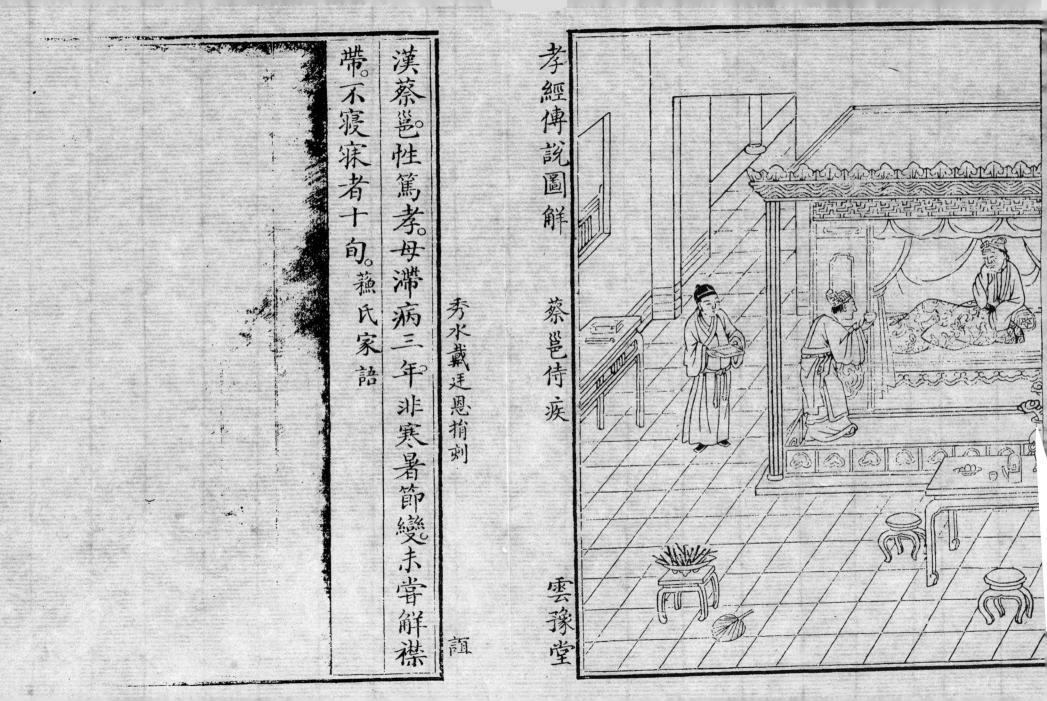

孝經傳說圖解

胡栻煖足

雲豫堂

嘉興張楷捐刻

感

胡栻。字敬之。居漵川。父本富室。以性侈損家。日以所欲責栻。栻竭力以致。賓朋滿座。雖貧甚。不少衰。後母喪。父鰥。栻夜與父同寢。以腋煖父足。如是者十餘年。父歿。鬻所居以治喪葬。簞瓢屢空。寓於其婣徐氏以歿。海鹽縣圖經

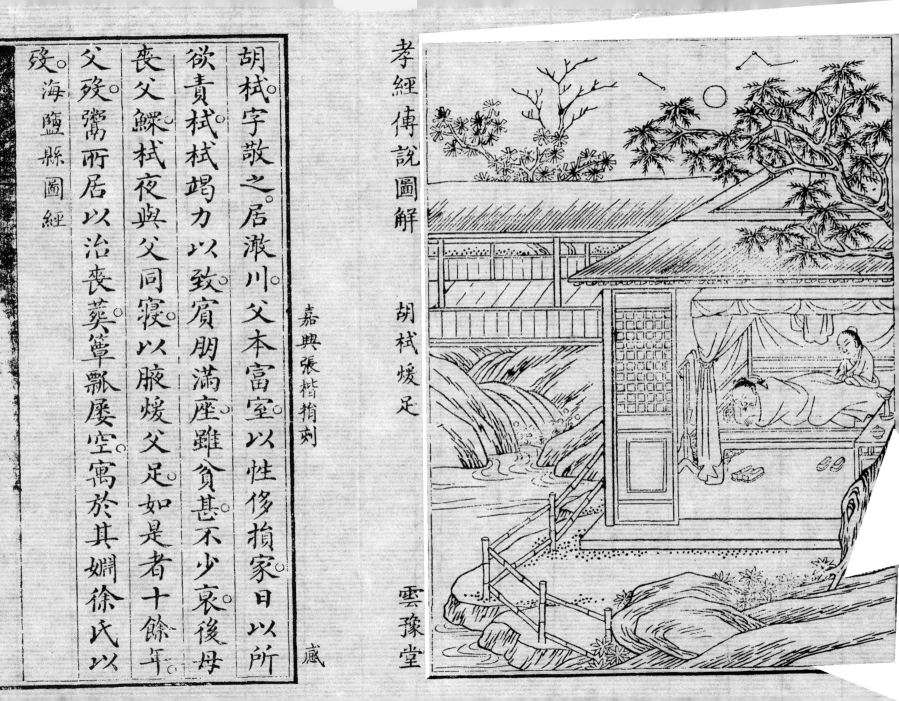

孝經傳説圖解

汝郁察色

雲豫堂

嘉興葛時徵梢刺

感

汝郁。字叔異。年五歲。母患病。不能飯食。郁嘗抱持啼。不肯飲食。母憐之。強為餐飯。欺言已愈。郁察母顏色不平。輒復不食。宗親共異之。因字曰叔異。

東觀漢記

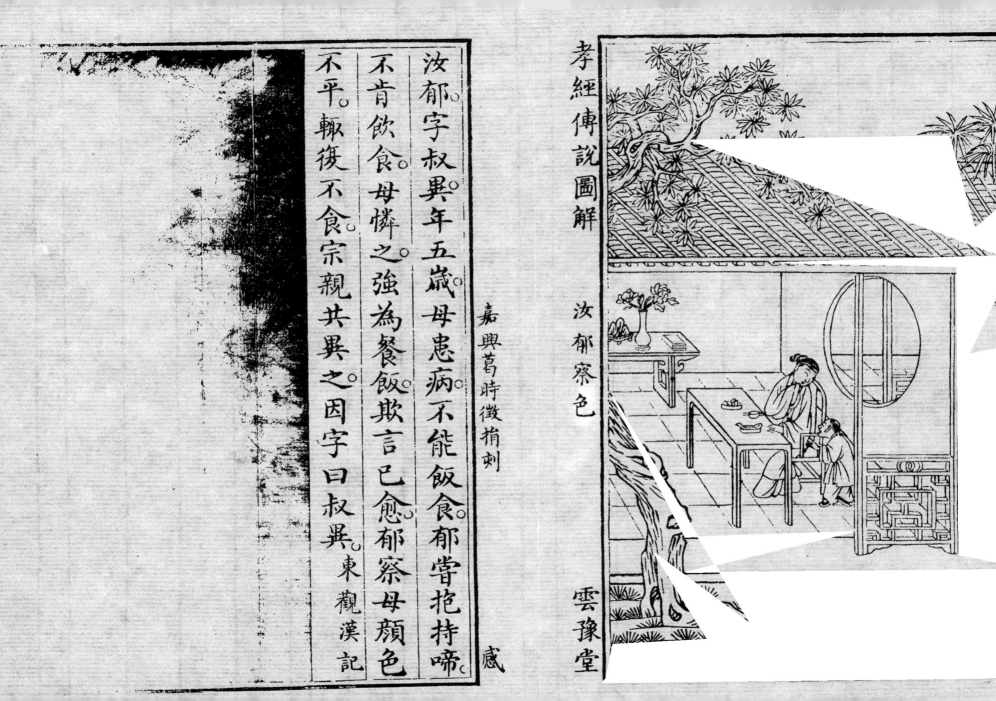

孝經傳說圖解

少娣輯睦

雲豫堂

蘊少娣。崔氏女也。蘊家兄弟五人。娶婦者四矣。各聽女奴語。日有爭言。甚者鬩墻操刃。少娣始嫁。姻族皆以爲憂。少娣曰。木石鳥獸。吾無如彼何矣。世豈有不可與之人哉。入門。事四嫂。執禮甚恭。嫂有缺乏。少娣即以遺之。姑有役其嫂者。嫂相視不應命。少娣曰。吾後進。當勞。吾爲之。母家有果肉之饋。召諸子姪分與之。嫂不食。未嘗先食。嫂各以怨言告少娣者。少娣笑而不答。少娣女奴以妯娌之言來告者。少娣笞之。尋以告嫂。引罪。嘗以錦衣抱其嫂小兒。適便溺。嫂急接

嘉興虞均梢刻

鏞

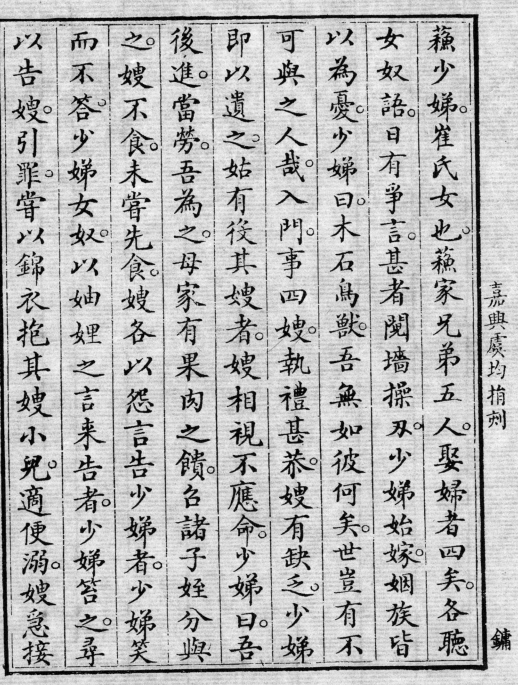

之。少娣曰。無遽恐驚兒也。了無惜意。歲餘。四嫂自相

謂曰。五嬸大賢。我等非人矣。奈何若大年。為彼所笑。

乃相與輯睦。終身無怨語。列女傳

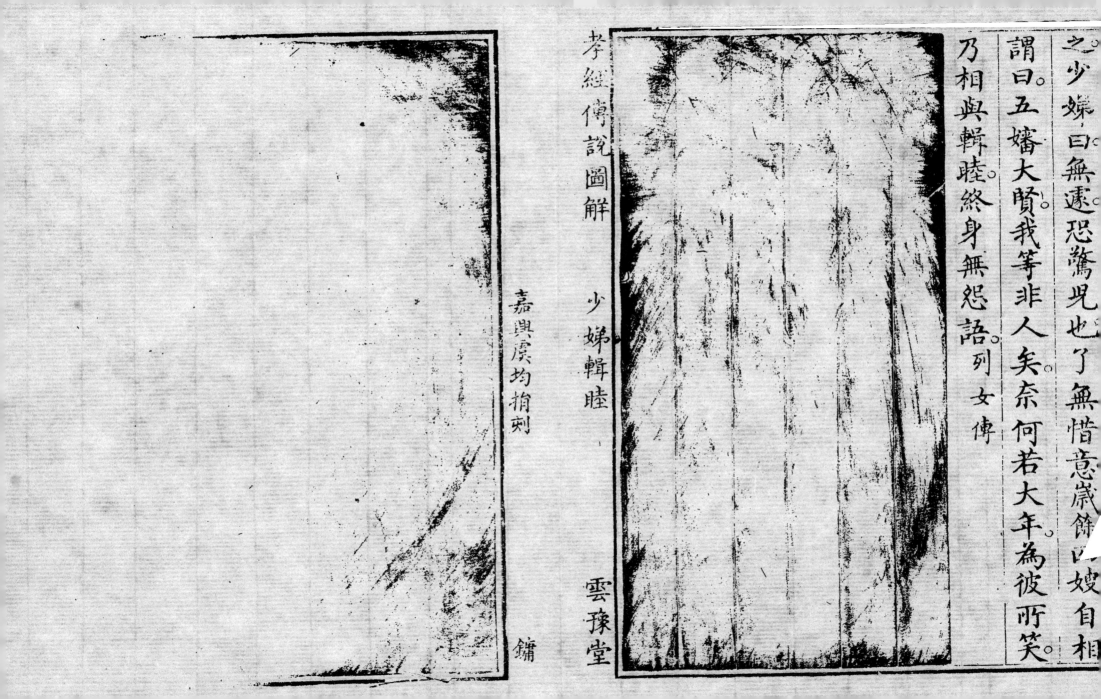

嘉興虞均捐刻　鏞

周才美有子婦。明淑廉直。才美將以家付之。諭以斗斛秤尺各二樣。并出納輕重便宜。婦不悅。拜辭舅姑。不願爲婦。恐他日生子敗家。以爲妾之所出。枉負其辜。才美愕然曰。吾家薄有田業。何遽辭去。婦曰。翁平日所爲。有逆天道。妾心有愧。居之不安。才美曰。汝言誠是。當悉除毀。婦曰。未可。問其所用年數若干。才美曰。約二十餘載。婦曰。必欲妾留侍奉。當以前所用出者用入。前所用入者用出。以償前日欺瞞之數。才美感悟。欣然許諾。婦生三子。皆少年登科。迪吉錄

海□王錫第梢刻　鏞

孝經傳說圖解

周婦廉直

雲豫堂

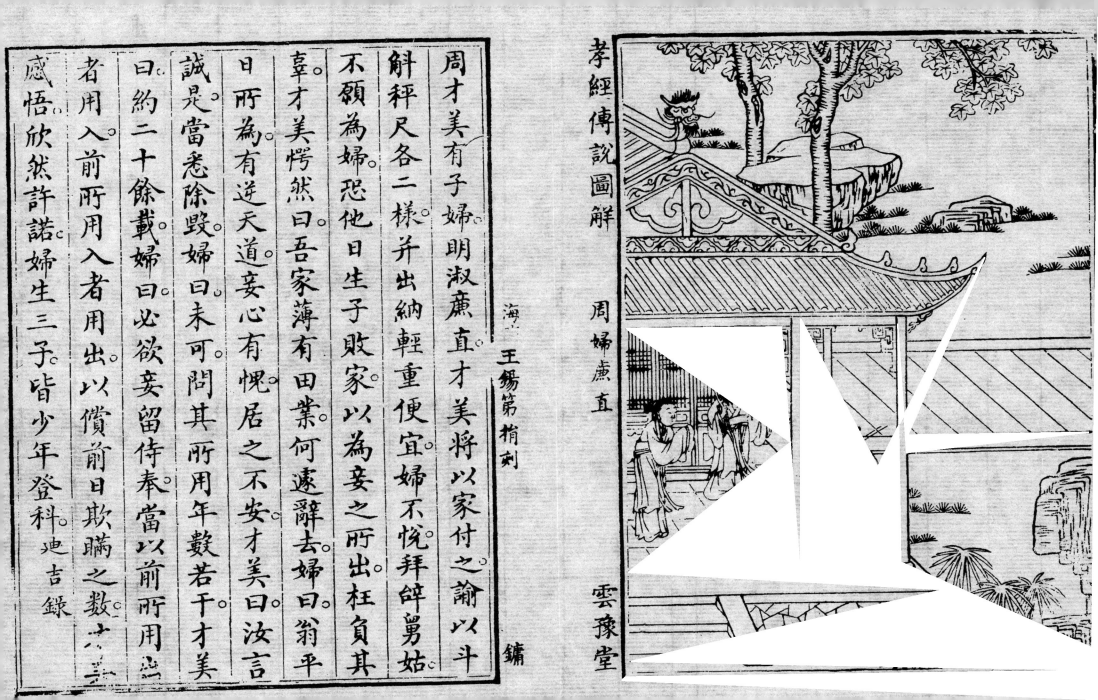

孝經傳說圖解　學洢手揮　雲豫堂

魏學洢。字子敬。嘉善縣諸生。父忠節公被逮。學洢泣血號呼。欲隨侍入都。忠節厲聲曰。若智出孔文舉八歲兒下耶。奈何以完卵狗覆巢。學洢遂易姓名。密邇檻車行。不令忠節知。入都。既下獄。潛匿邸舍。暮夜叩當途。父執。或拒不納。欲上書代父。不可得。呼天籲地。展轉無策。父忽以斃聞。遑遽扶櫬歸里。見母慟絕仆地。跡不入中闈。日夜伏草啼號。家人間進粥糜。輒以手揮去。曰。詔獄中。誰有憐乃公而授之餐者。淚盡。繼之以血。遂病而死。朝廷憐之。賜優卹。檇李往哲續編

海盐王殷氏捐刻

貴

王泰頸合

雲豫堂

海鹽王錫周捐刻　貴

王泰。永嘉人。幼失怙恃。鞠於伯父。吳元年冬大兵至。伯父為兵所執。求財物不得。將殺之。泰年十五。匿叢薄中。躍出紿兵曰。兒知瘞物處。伯父遂得釋去。泰引兵佯掘數坎。悉無物。兵怒斬之。仆於地。各散去。伯父還。撫泰屍哭。見頸骨已斷。而喉尚連屬。乃捧其首合於頸。取藥塗瘡。舁之床。試以水滴口。稍能咽。七日乃甦。言方斬時。若風冷然過頸。良久。熱痛暈去。若有數人過。且指曰。此子甚孝。不當死。即令一人療治之。頸若氷雪。痛遂止。凡八越月。瘡始合。而首竟偏。

最樂編

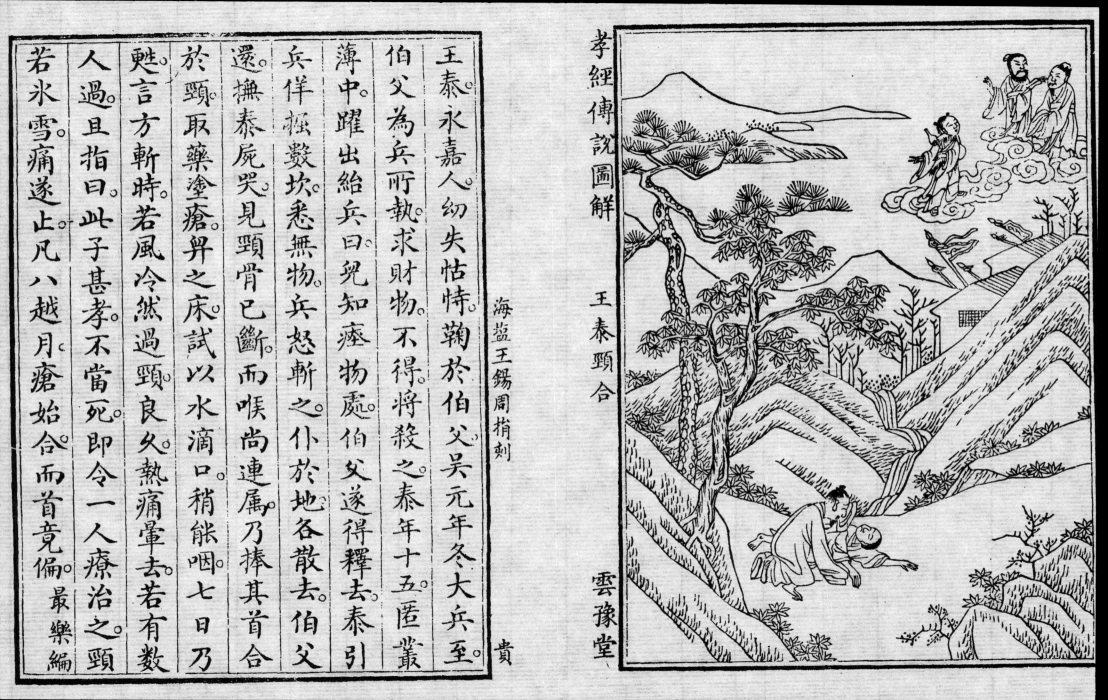

孝經傳說圖解

古初伏棺

雲豫堂

秀水張甫廷捐刻

漢光武時。長沙義士古初。父喪未葬。鄰人火起。及初舍。棺不可移。初冒火伏棺上。俄而火滅。東觀漢記

達

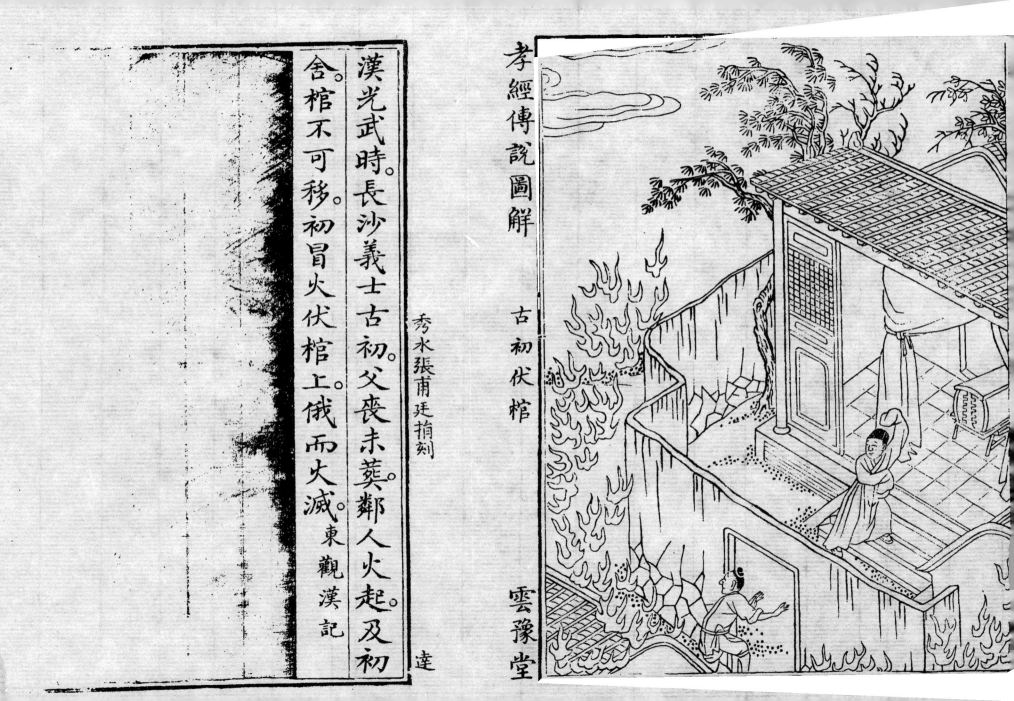

孝經傳說圖解　李璵移榻　雲豫堂

秀水金王琳捐刻　達

漢李璵。娶妻有子。而移榻于母之室。夜常十餘起。母每諭之曰。汝年來筋力頗憊。盍求婢以侍我。璵曰。凡母所欲。不親經手。意如有所失。母遂不之強。以是家人無敢怠惰。續文獻通考

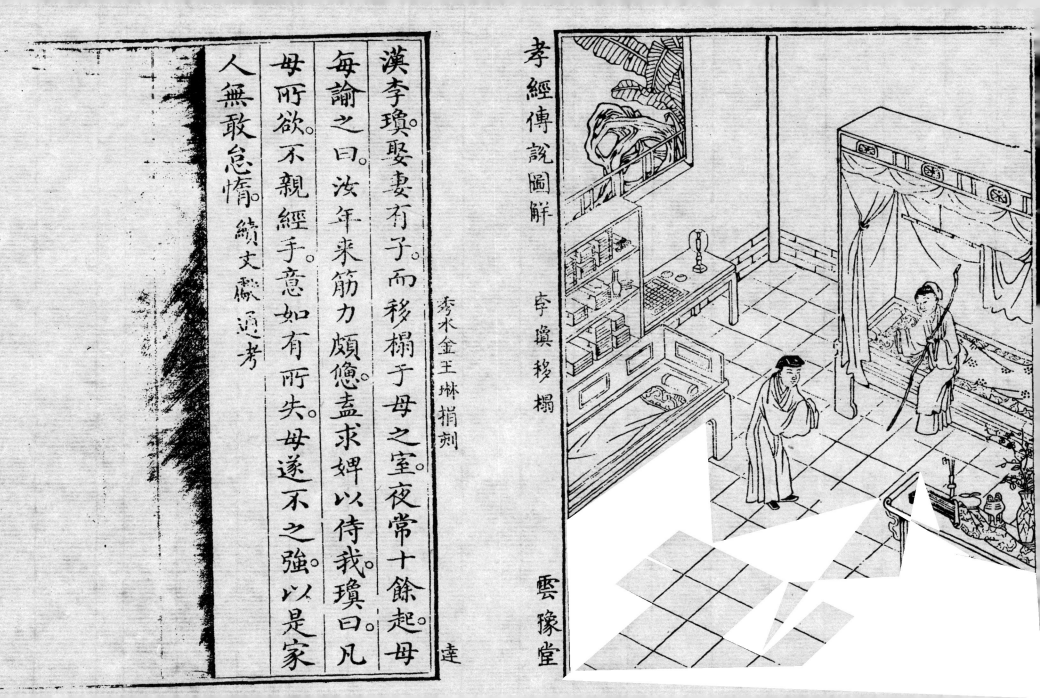

孝經傳說圖解

二妹清泠

雲豫堂

秀水戴桂彬捐刻

烈女河。在瓶山前。即古州後河。元季戊戌八月丁亥。紅巾夜陷禾城。有錢氏二女被執。乃紿賊脫母去。遂相結裙裾。投清泠而死。即錢子順之二妹也。後人因以名河。嘉興府志

雙貞彩蝶

雲豫堂

嘉興徐翰邦捐刻

彬

二孝女者。失其姓氏。或曰姓吳氏。居嘉邑東津亭。父早歿。母為議姻。二女進曰。兒終鮮兄弟。母女零丁。相依為命。女嫁。母益單。願奉母以終天年。卒相矢不嫁。家貧。無以供晨昏。屋僅數椽。隙地忽有通草生焉。未之異也。隣有靈光菴者。故宋時遺址。菴已毀。惟觀音堂僅存。二女嘗禱于堂。俄有五色蝶。大如燕。自堂中眢井出。飛止其家通草上。二女相顧曰。菩薩慈悲。殆憐其窮而賜之生耶。于是劈通草紮蝴蝶花。鬻以奉母。復以其餘。重塑觀音像于堂中。母卒。遂長齋奉佛。

以終其身。二女歿後。通草亦萎。人咸謂孝感所致。至今相傳其塑像。為通草觀音云。

汪鈥雙貞碑記

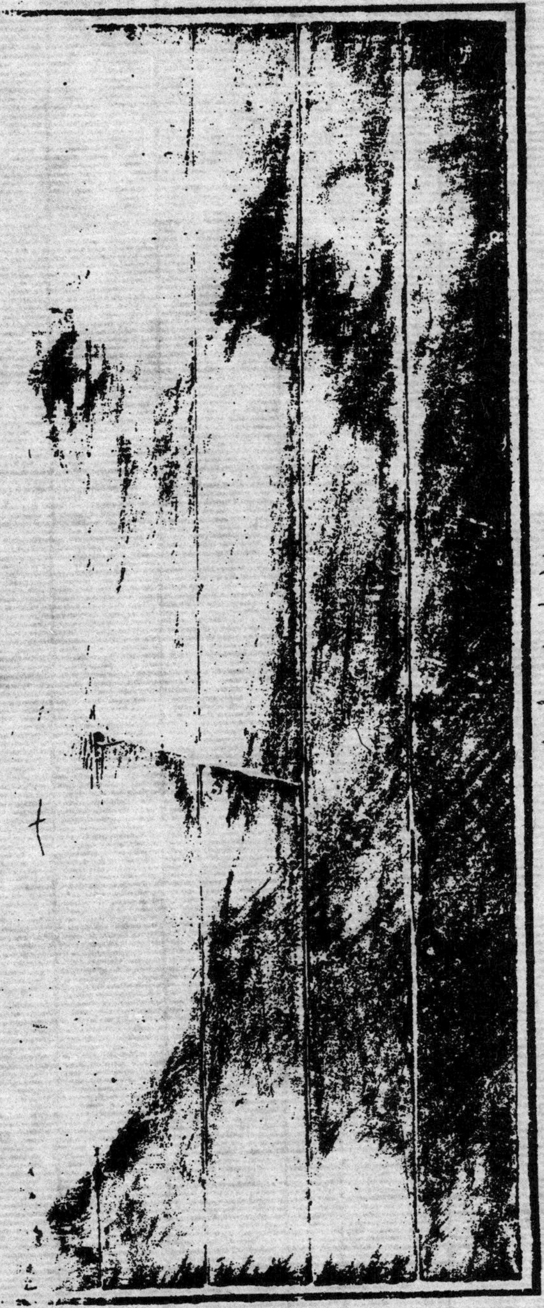

嘉興徐翰邦捐刺

彬

孝經傳說圖解

李娥投爐

雲豫堂

李娥父。吴大帝時為鐵官冶。以鑄軍器。一夕煉金竭爐。而金不出。吴令耗折官物。即坐斬。娥年十五。遂自投爐中。于是金液沸溢。塞爐而下。遂成溝渠注二十里。所收金億萬計。紀聞

桐鄉嚴繼聲捐刻

聲

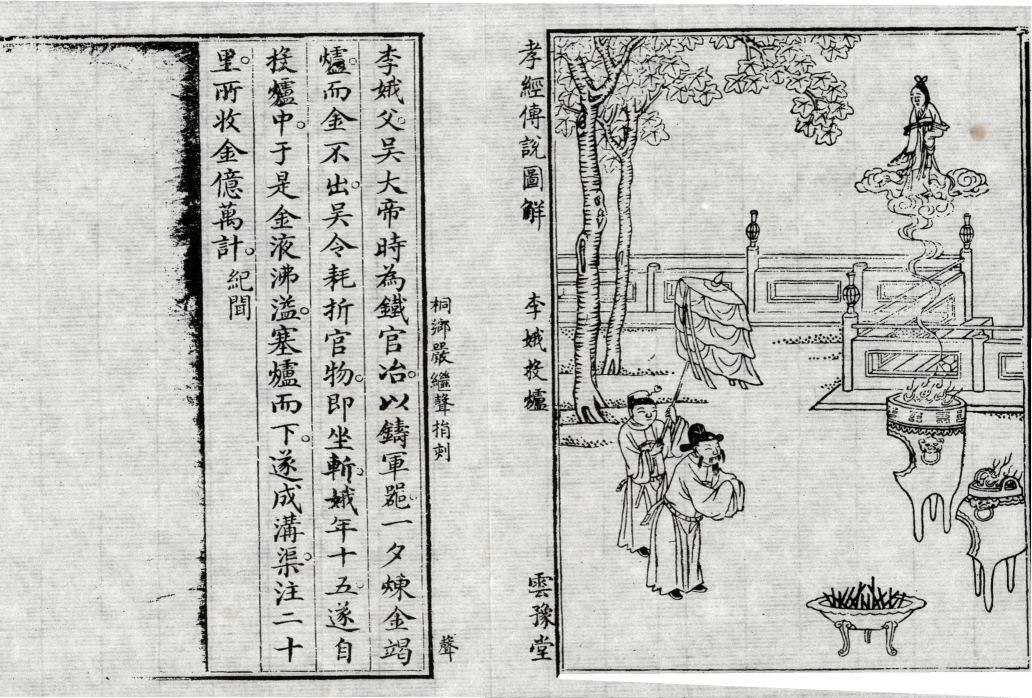

孝經傳說圖解

女娟持檝

雲豫堂

桐鄉嚴繼聲捐刻

趙簡子伐楚。與津吏期。吏醉卧不能渡。簡子欲殺之。其女娟持檝而前曰。妾父聞君渡江淮。恐波濤。禱神。餘瀝。醉至如此。今即殺之。恐不知非而體不知痛也。願以微軀易父之死。簡子遂釋之。列女傳

聲

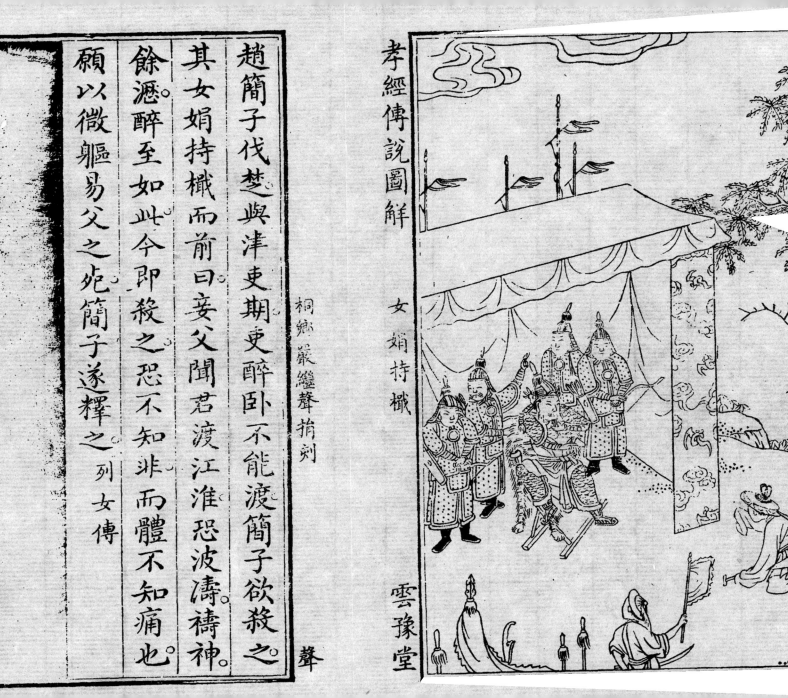

孝經傳說圖解

汝道辭珠

雲豫堂

嘗汝道。德州齊河人。幼孤。母治家嚴。汝道承順甚恭。母嘗寢疾。晝夜不去側。一日。母屏人授以金珠若干。曰。汝素孝。室無私蓄。我一旦不諱。此物非汝有。可善藏之。毋令他兒知也。汝道泣曰。吾父母起艱難成家業。今田宅牛羊已多。方恨無以報大恩。尚敢貪此以重不孝之罪乎。辭不受。二弟將析居。悉以美田廬讓之。及弟早世。撫諸孤如己子。續宏簡錄

桐鄉嚴繼光捐刻

福

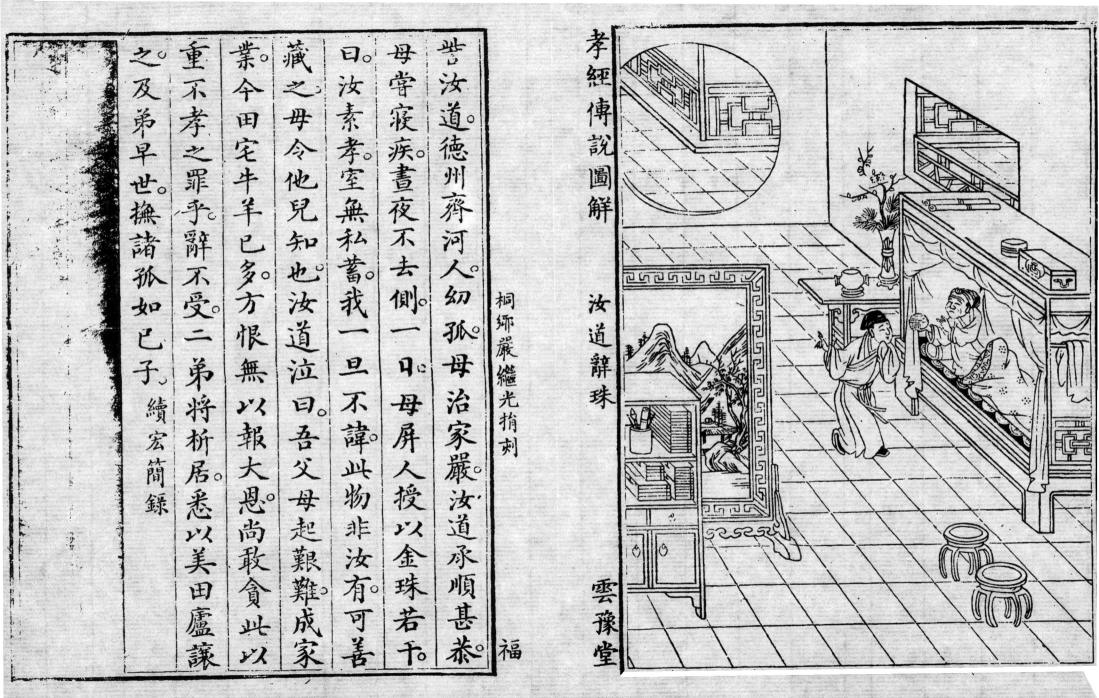

孝經傳說圖解

伯瑜泣杖

雲[illegible]堂

桐鄉嚴皇甫捎刻

福

韓伯瑜有過。其母笞之泣。其母曰。他日笞子。未嘗見泣。今泣。何也。對曰。他日瑜得罪笞嘗痛。今母之力。不能使痛。是以泣。故曰。父母怒之不作於意。不見於色。深受其罪。使可哀憐。上也。父母怒之不作於意不見於色。次也。父母怒之作於意見於色。下也。說苑

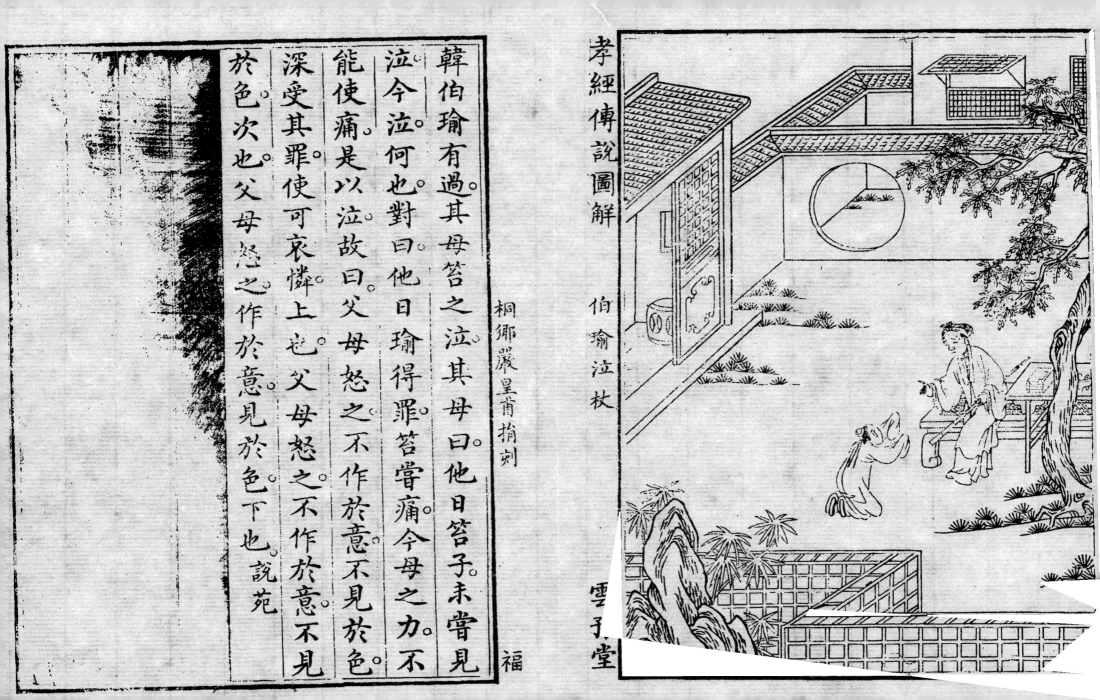

孝經傳說圖解　范娘織席　雲豫堂

江蘓吳德潤梢刻　美

儲福傳曰。福殉靖難。妻范與其母韓營地葬之。范時年二十。居貧奉姑甚謹。每哭其夫。則走山谷中大號。不欲聞之姑也。一日。范澣衣澗邊。見草可織席。因取之。鬻以養姑。姑年七十餘卒。營葬廬墓傍。年八十餘卒。卒後。席草不復生。　明史

孝經傳說圖解

覃氏紡績

雲豫堂

德清縣嚴徐氏捐刻

美

漢覃氏。上郡鍾氏婦也。配偶未幾而夫亡。氏年十八。事姑以孝聞。年餘。姑及伯叔皆相繼死。覃家貧無以葬。躬自節儉。晝夜紡績。十年而葬八喪。爲州里敬文帝聞之。賜米百石。旌其閭。漢書

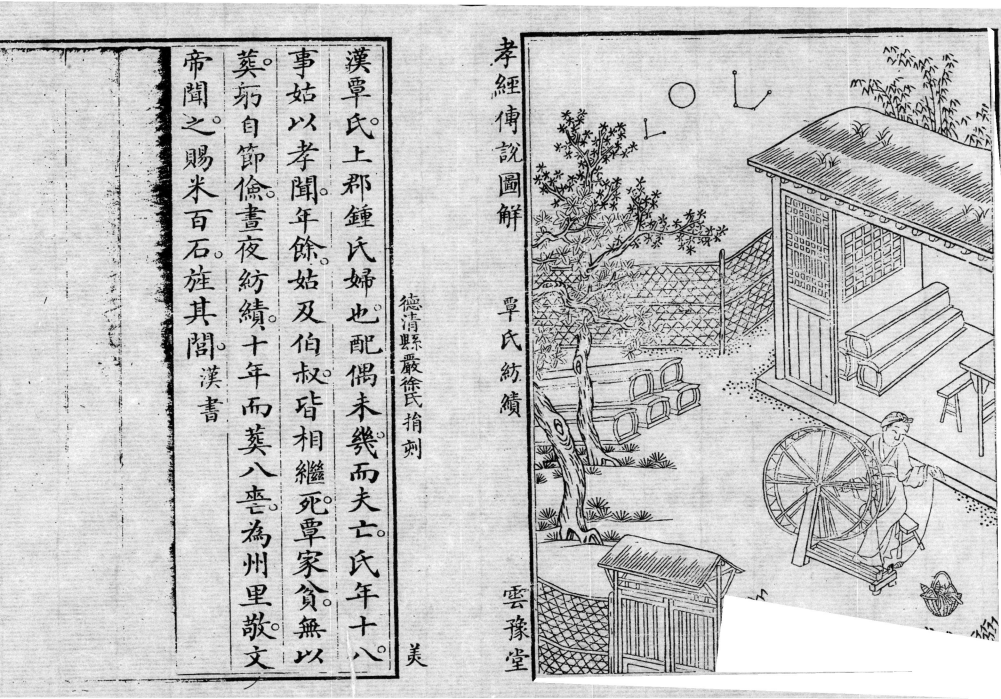

孝經傳說圖解

陳滄手紋

雲豫堂

秀水陳本捎刻　澄

陳滄。字友泉。淳邑諸生。事嚴父惟謹。母疾。終月不解帶。母卒。廬墓三載。事庶母若嫡。友異母弟若胞。晚年紋現其手曰全孝。其孫王政。徵堂額于予。為題孝紋堂以歸之。王思任孝紋堂記

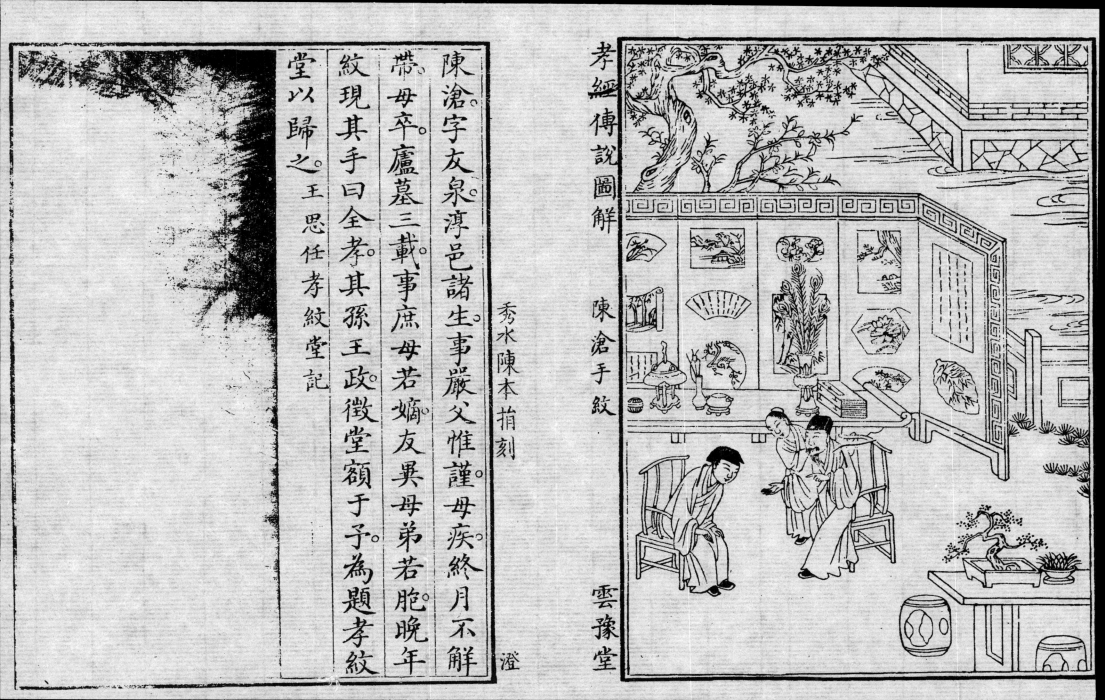

陳饒奴。饒州人。年十二。親併亡。窶弱居喪。又歲饑。或教其分弟妹。可全性命。饒奴流涕身丐。訴相全養。刺史李復異之。給資儲。署其門曰孝友童子。唐書

秀水陳本捐刻

澄

嘉興朱興記捐刻　譔

老萊子。孝養二親。行年七十作嬰兒自娯。著五色斒斕衣。常取漿上臺跌扑。因卧地為小兒啼。或弄雛鳥於親側。

列女傳

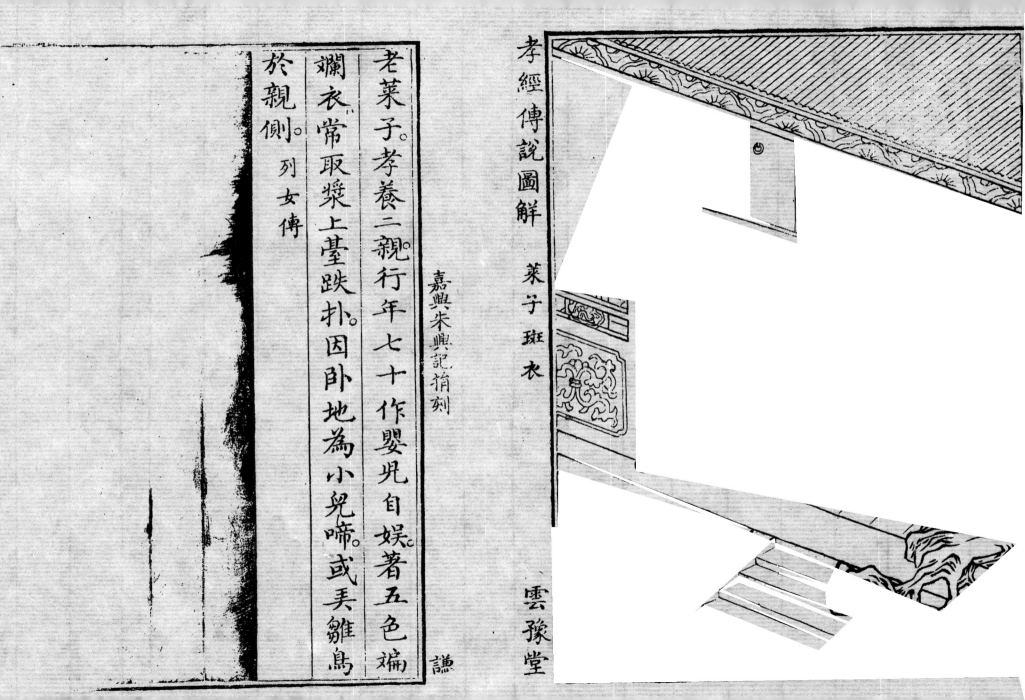

孝經傳說圖解　顧忻冠帶　雲豫堂

嘉興朱孔昭捐刻　譙

宋顧忻。以母病。葷腥不入口者十載。雞初鳴。具冠帶。率妻子。詣母之室。問所欲。五十年來。未嘗離母左右。

宋史

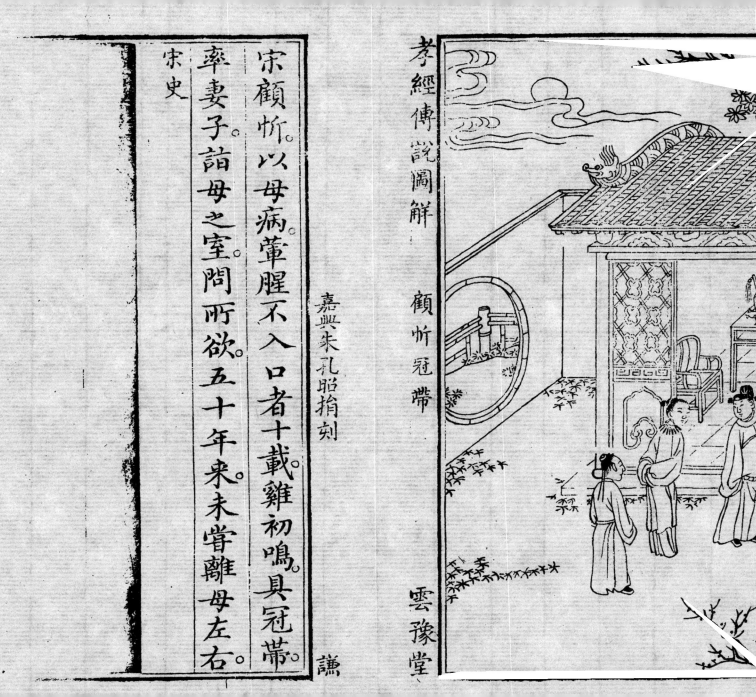

孝經傳說圖解

介夫泣雨

雲豫堂

公記捐刻 庸

施介夫字。公毅。尚書郎恕之子。母疾。侍奉湯藥。衣不解帶者逾月。母逝。嘔血毀瘠。扶柩還至丹陽。時久旱。河水絕流。呼天號泣。是夕大雨。河水溢。遂得歸葬。母性嗜李。介夫見之必泣。家人不敢復設。從陳白沙莊定山張東白遊。開化縣志

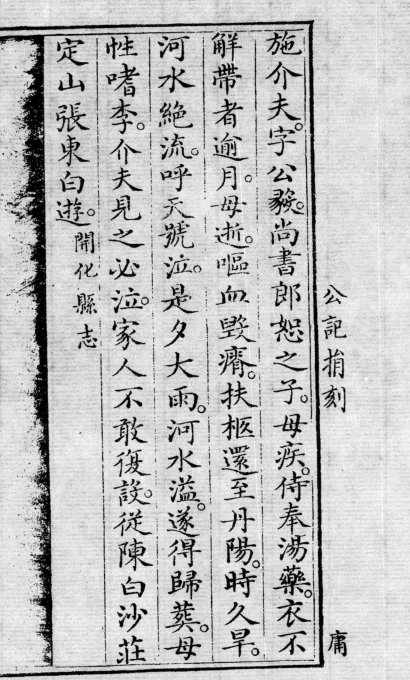

孝經傳說圖解

孟宗哭竹

雲豫堂

公記捐刻　庸

呉孟仁。字恭武。江夏人也。本名宗。避皓字。易焉。少從南陽李肅學。夙夜不懈。肅奇之。曰。卿宰相器也。初為驃騎将軍朱據軍吏。将母在營。既不得志。又夜雨屋漏。因起。涕泣以謝其母。母曰。但當勉之。何足泣也。除為監池司馬。自能結網。手以捕魚。作鮓寄母。母還之曰。汝為魚官。而以鮓寄我。非避嫌也。母嗜笋。冬節将至。時笋尚未生。宗入林哀歎。而笋為之出。人無不稱為至孝之感。累官光祿勳。遂至於公云。白帖

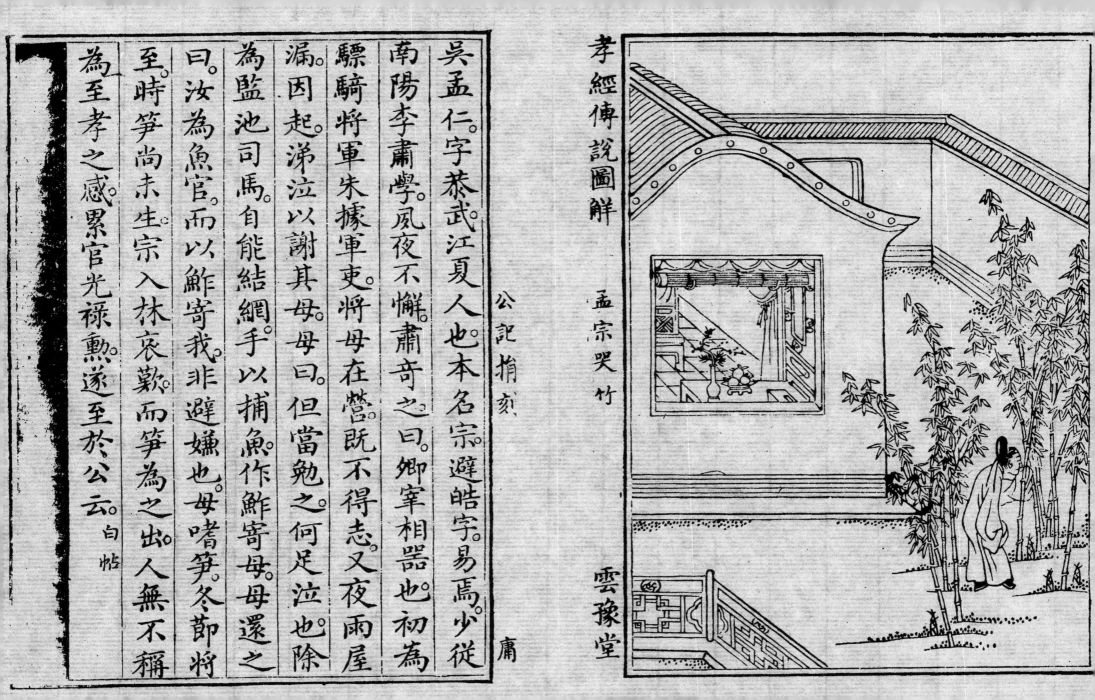

孝經傳說圖解

陳継拜漿

雲豫堂

公記捐刻

陳繼。奉母至孝。有司上其事。使御史廉之。繼方随母行灌。母飲以壺漿。拜而後飲。帝聞嗟異。府縣交薦。以母老。辞不就。永樂中。舉孝行。仍旌其母曰貞節。

明史

孝經傳說圖解

丁蘭刻木

雲豫堂

孫盛逸士傳。丁蘭少喪考妣。不及供養。乃刻木為親形。事之若生。朝夕定省。隣人張叔妻從蘭妻有所借。蘭妻跪拜木人。木人不悅。不以借之。叔醉。疾来辞罵木人。以杖敲其頭。蘭還。即奮劍殺張叔。吏捕蘭。蘭辞木人去。木人見蘭。為之垂淚。郡縣嘉其至孝。通於神明。遂上之。圖其形于雲臺。

公記捎刻

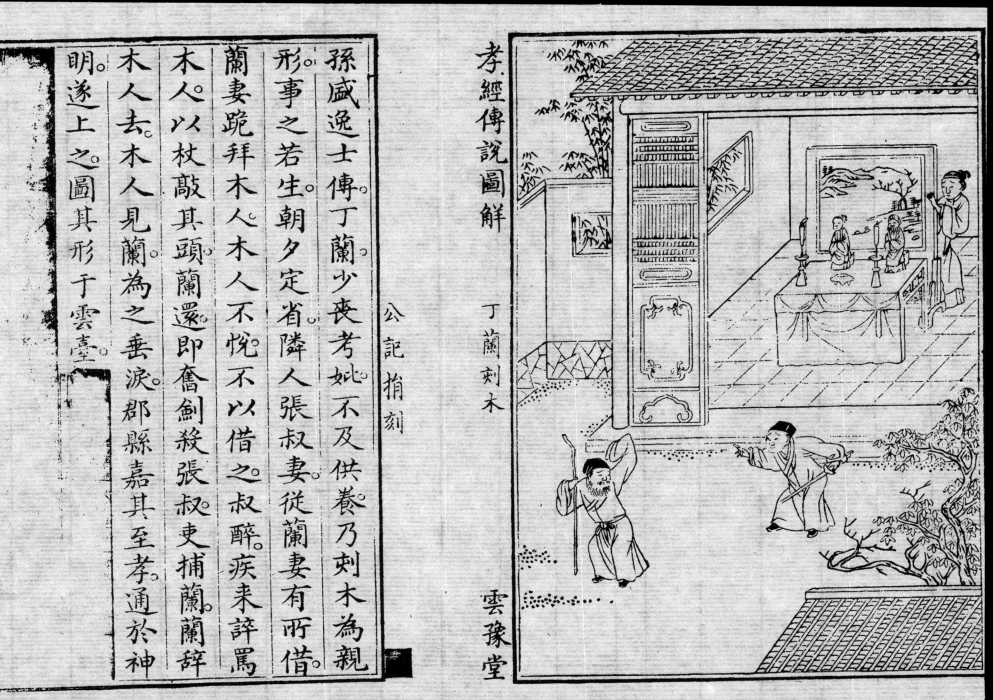

孝經傳說圖解

許瓏暈地

雲豫堂

許瓏。字廷璧。鄞人。少孤。依其母無頃刻舍。一日。母擲竹帿中瓏。暈仆地。母急抱持泣。瓏稍蘇。即睜目笑語曰。兒故嚇母。非真暈也。長竭力奉養。凡母所欲必致。平居恒言。聖門以色養為難。此不假外求。不費貲貨。直易易耳。至今茅山之陽。稱純孝焉。子元祥。成進士。

寧波府志

公記捐刻

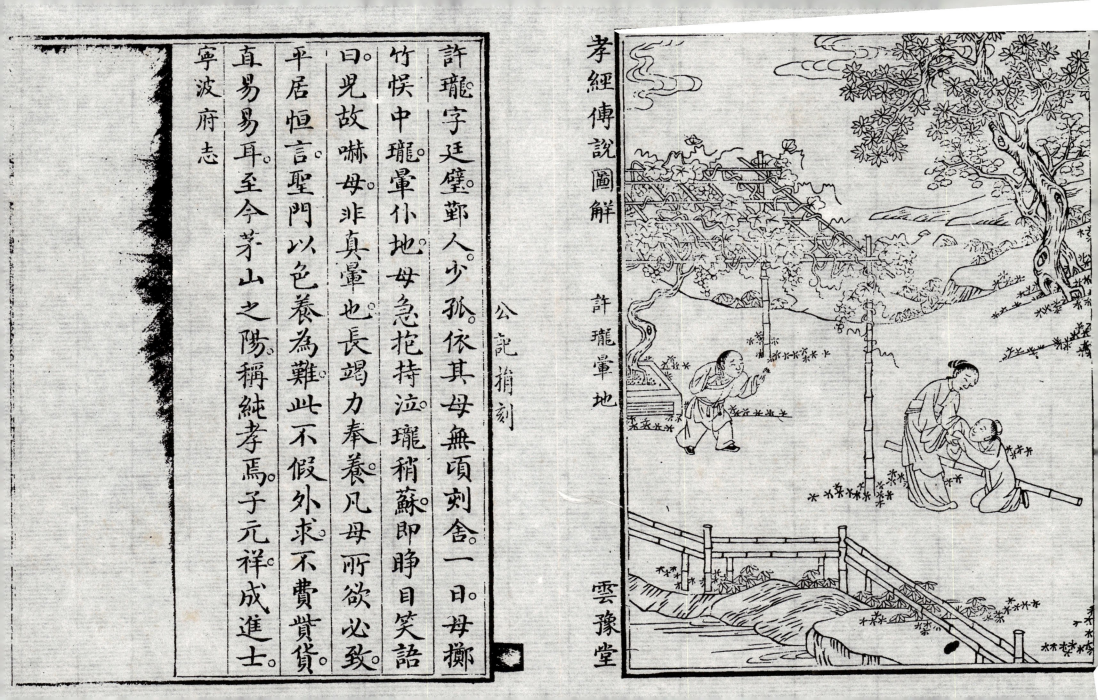

趙至悲犢

雲豫堂

公記捐刻

緱氏令初到縣。趙至年十三。與母同觀。母曰。汝先世本非微賤。世亂流離。遂不爲士伍耳。爾後能如此否。至感母言。詣師受業。聞父耕。叱犢聲。投書而泣。師怪問之。至曰。我小未能榮養。至父不免勤苦。是以悲耳。

晉書

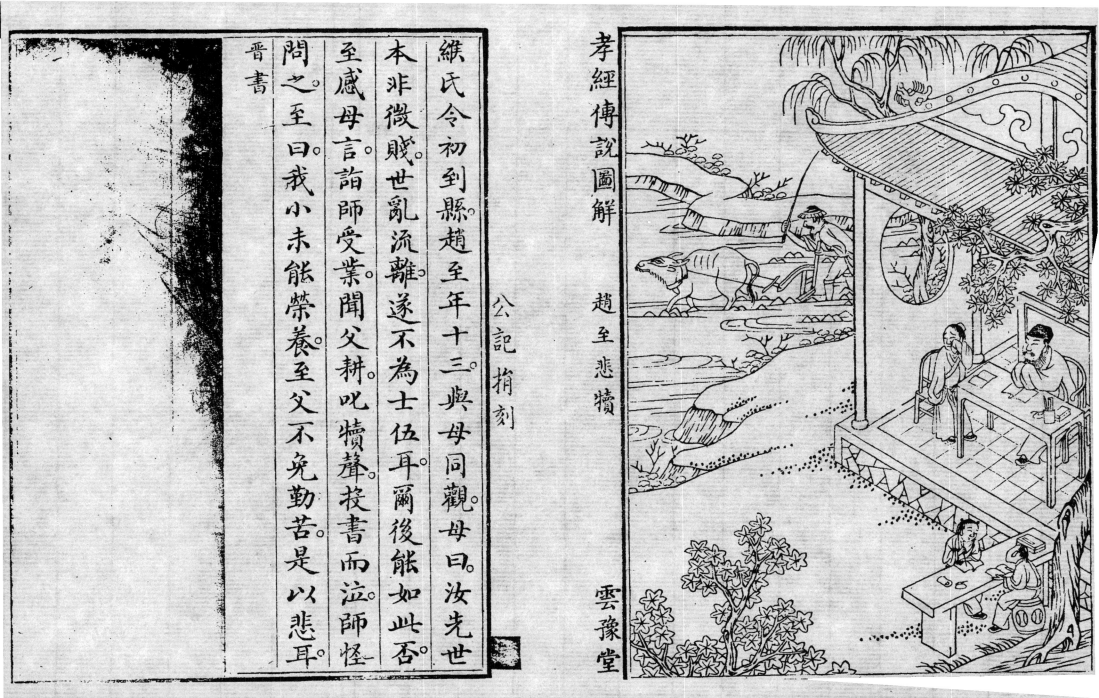

孝經傳說圖解

田叔燒辭

雲豫堂

秀水張純照捐刻

梁孝王武。以竇太后幼子故。有寵。求為嗣。袁盎諫止。王怨盎。使人刺殺之。景帝遣田叔往案梁獄。太后憂梁事。不食。日夜泣不止。田叔等還至覇昌廐。悉燒梁獄詞。空手来見帝。曰。上毋以梁事為問也。梁王不伏誅。是漢法不行也。伏法。而太后食不甘味。卧不安席。是憂在陛下也。上然之。使叔等謁太后。曰。梁王不知也。所知者。幸臣羊勝公勝詭之属耳。謹已伏誅。梁王無恙。太后大喜。立起坐餐。上以田叔為賢。擢拜魯相。

漢書

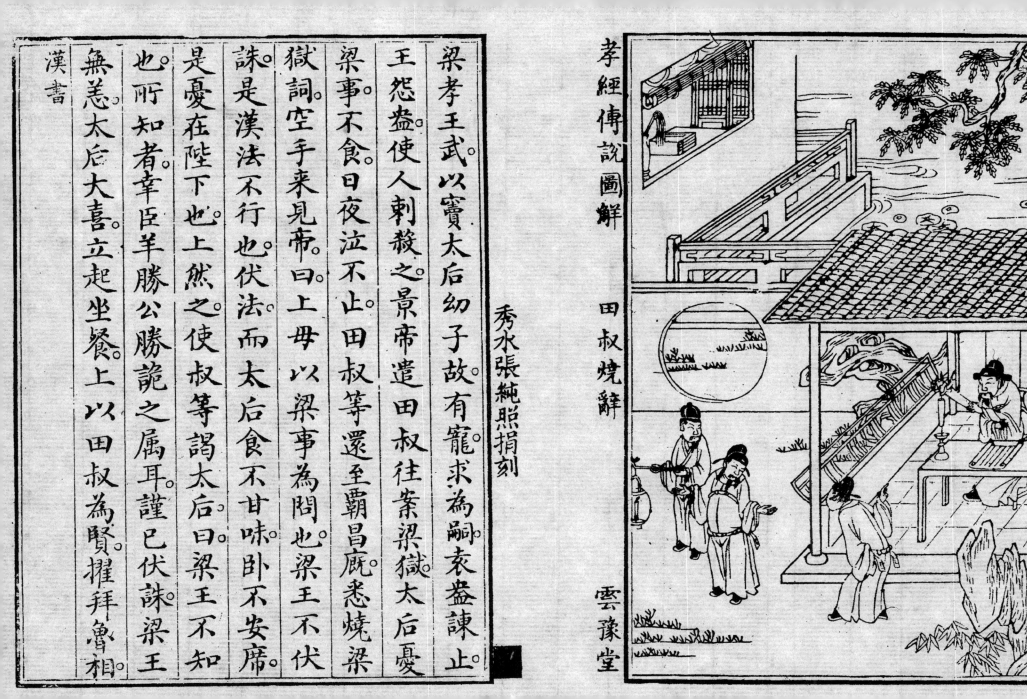

孝經傳說圖解　思瑞恤族　雲豫堂

秀水張純照捐刻

明葉思瑞。字文貞。事親恭順。撫諸弟亦篤摯。宗族有不自給。至鬻其女。思瑞曰。爾我雖有親疏。自祖宗視之。均一體也。我不爾恤。是忘祖宗。亟贖而嫁之。正統丁巳。歲饑。發所藏粟貸鄉民。約秋成不取息。至期貧不能償者。不較。戊午。貸如初。復具糜聽老弱就食。所活甚衆。又代民輸是年夏稅。東陽縣志

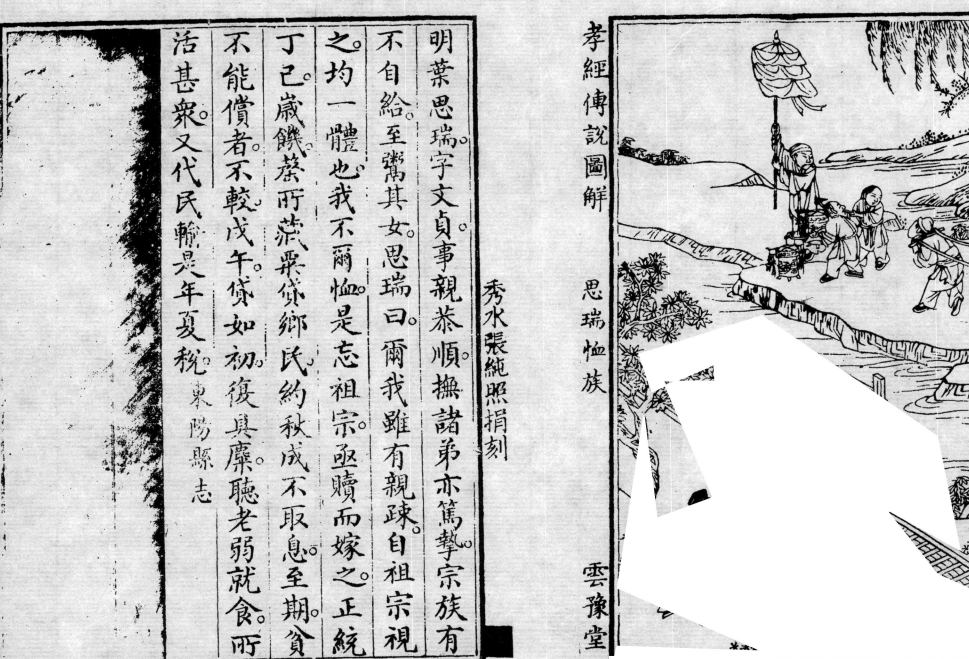

孝經傳說圖解

桑虞仁孝

雲豫堂

秀水張純照捐刻

桑虞。字子深。魏郡黎陽人也。仁孝自天。年十四。喪父。毀瘠過禮。日以米百粒。雜糝藜藿。其姊諭之曰。汝毀瘠如此。必至滅性。滅性不孝。宜自抑割。虞曰。藜藿雜米。足以勝哀。虞有園。在宅北數里。瓜果初熟。鄰人踰垣盜之。虞以園援多棘。恐偷見人而致傷損。乃使奴為之開道。及偷負瓜將出。見道通利。知虞使除之。乃送所盜瓜。叩頭請罪。虞乃歡然盡以瓜與之。甞行。寄宿逆旅。同宿客失脯。疑虞為盜。虞默然無言。便解衣償之。主人曰。此舍數失魚肉雞鴨。多是狐狸偷去。君何以疑人。乃将脯主至山冢間。尋求果得之。客求還衣。虞投之不顧。後丁母憂。哀毀骨立。廬於墓側五年。虞五世同居。閨門邕穆。符堅符朗甚重之。嘗詣虞家拜其母。時人以為榮。晋書

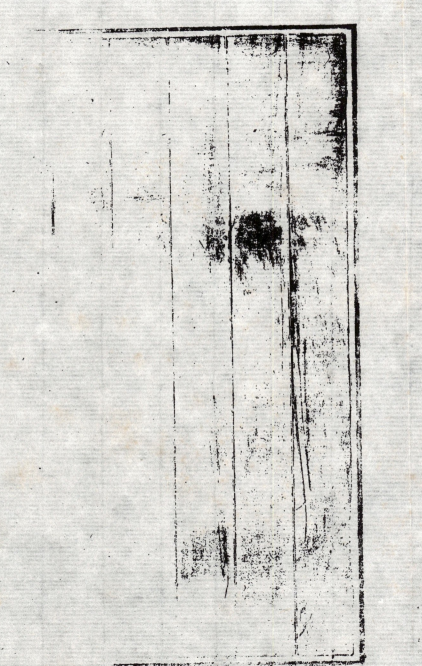

孝經傳說圖解

何琦止足

雲豫堂

何琦。字萬倫。司空充之從兄也。年十四。喪父。哀毀過禮。性沉敏。有識度。好古博學。居于宣城陽穀縣。事母孜孜。朝夕色養。司徒王導引為參軍。不就。及丁母憂居喪泣血。杖而後起。停柩在殯。為隣火所逼。烟焰已交。家乏僮使。計無從出。乃匍匐撫棺號哭。俄而風止火息。堂屋一間免燒。其精誠所感如此。服闋。乃慨然歎曰。所以出身仕者。非謂有尺寸之能。以効智力。實利微祿。私展供養。一旦煢然。無復怙恃。豈可復以朽鈍之質。塵黷清朝哉。於是養志衡門。不交人事。耽玩

秀水張純照捐刻

典籍。以琴書自娛。不營産業。節儉寡欲。豐約與鄉里共之。鄉里遭亂。姊没人家。琦惟有一婢。便為購贖。然不為小讓。苟有贈遺。亦不苟讓。但於已有餘。輒復隨而散之。任心而行。率意而動。不占卜。無所事。司空陸玩太尉桓温並辟命。皆不就。詔徵博士。又不起。簡文帝時為撫軍。欽其名行。召為參軍。固辭以疾。公車再徵通直散騎侍郎。散騎常侍。不行。由是君子仰德。莫能屈也。桓温嘗登琦縣界山。喟然嘆曰。此山南有人焉。何公真止足者也。晋書

孝經傳說圖解

元鶴銜珠

雲豫堂

秀水項學淳捐刻

德

曾參。南武城人。字子輿。少孔子四十六歲。孔子以為能通孝道。故授之業。作孝經。淮南子云。曾子立孝。不過勝母之里。搜神記云。曾子從仲尼在楚。而心動。辭歸問母。母曰。思尔齧指。孔子曰。曾參之孝。精感萬里。琴操云。歸耕者。曾子之所作也。曾子事孔子十餘年。晨覺眷然念二親衰老。養之不備。於是援琴而鼓之曰。往而不反者年也。不可得而再事者親也。歔欷歸耕來日安所耕。歷山盤乎欽崟。韓詩外傳云。曾子曰。椎牛而祭墓。不如雞豚逮親存也。搜神記云。曾子養母

至孝。有元鶴爲戎人所射。窮而歸之。参收養治療。瘡愈飛去。後鶴夜到門。雌雄各銜雙明珠報焉

繹史

元鶴銜珠

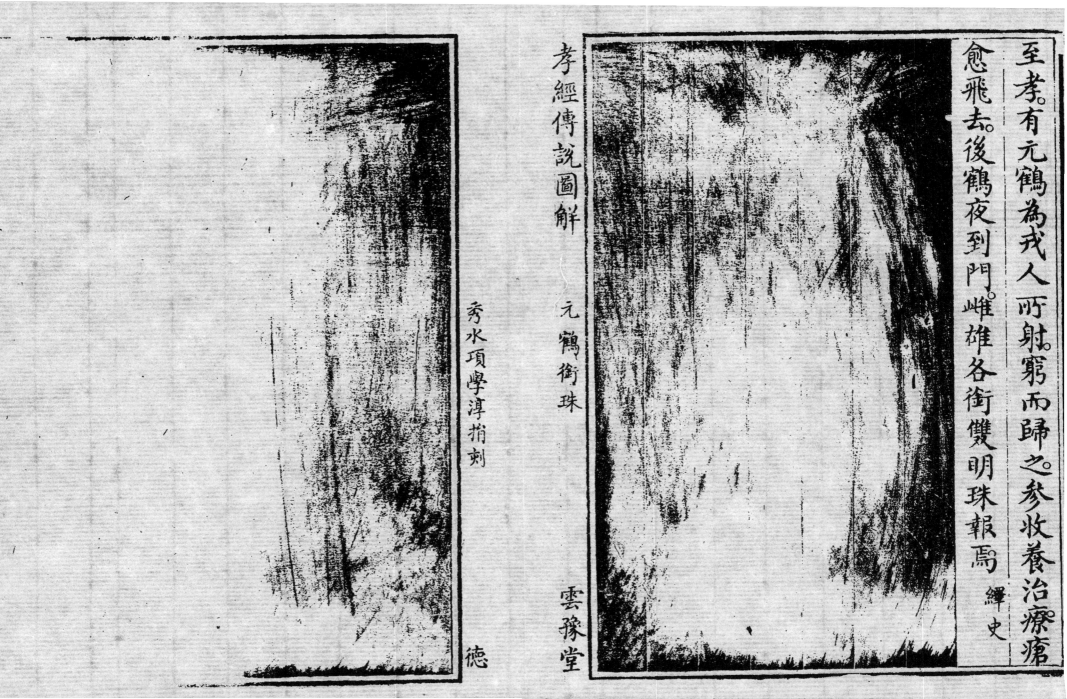

秀水項學淳捐刻

德

孝經傳說圖解

赤虹化玉

雲豫堂

孔子作孝經。既成。齋戒向北辰而拜。告備於天。乃洪鬱起白霧摩地。赤虹自上而下。化為黃玉。長三尺。上有刻文。孔子跪而讀之。

搜神記

秀水項學淳捐刻

德

上元侯瑞奎錄

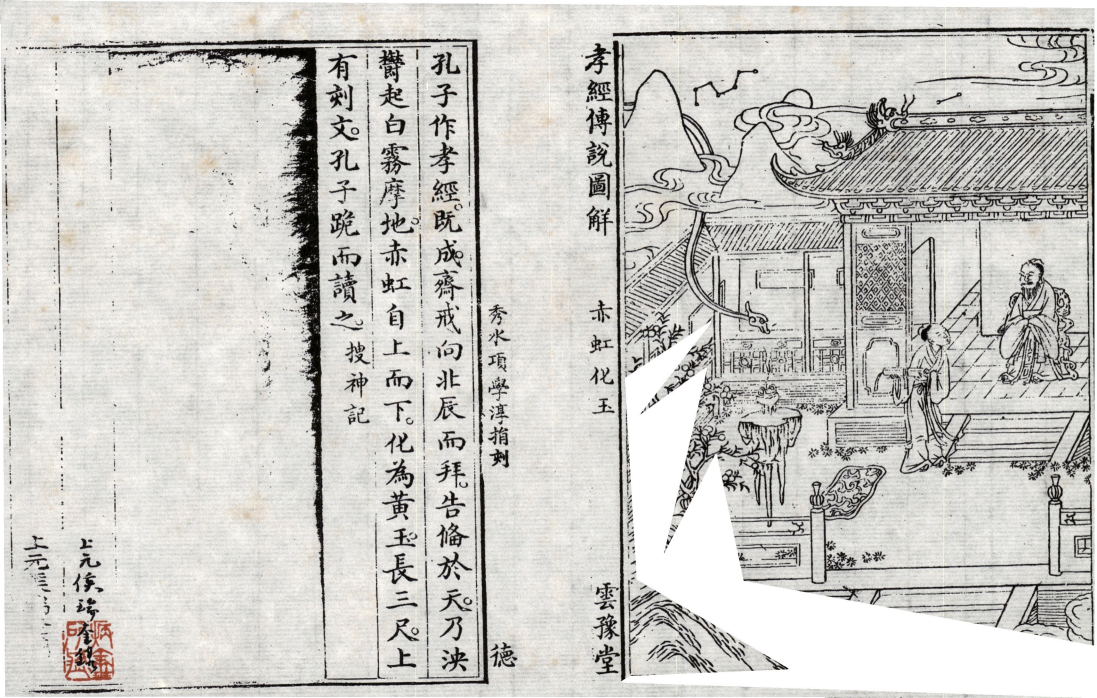

图解 Ⅳ.①B823.1-64
中国版本图书馆CIP数据核字（2011）第201741号

ISBN 978-7-5149-0138-2
9 787514 901382 >

孝經傳説圖解
一函四

作者　清·金柘岩 輯
出版發行　中國書店
地址　北京市琉璃廠東街一一五號
郵編　一〇〇〇五〇
印刷　江蘇金壇市古籍印刷廠有限公司
版次　二〇一二年二月
書號　ISBN 978-7-5149-0138-2
定價　七八〇元